藏在自然界的秘密

[美]克丽斯廷·布朗◎著

[美]金·马莱克◎绘

马爽◎译

吉林科学技术出版社

Nature Anatomy Activities for Kids
Copyright ©2020 by Rockridge Press, Emeryville, California
Author Photo by Andrew Dobson
Illustrations ©2020 Kim Malek
First Published in English by Rockridge Press, an imprint of Callisto Media,Inc.
Simplified Chinese Edition © Jilin Science and Technology Publishing House 2024
All Rights Reserved

吉林省版权局著作合同登记号：
图字 07-2022-0003

图书在版编目（CIP）数据

藏在自然界的秘密 /（美）克丽斯廷·布朗著 ；马
爽译. -- 长春 ：吉林科学技术出版社，2024.9
（图解万物系列 / 赵渤婷主编）
ISBN 978-7-5744-1071-8

Ⅰ. ①藏… Ⅱ. ①克… ②马… Ⅲ. ①自然科学—儿
童读物 Ⅳ. ①N49

中国国家版本馆CIP数据核字(2024)第055000号

图解万物系列 藏在自然界的秘密
TUJIE WANWU XILIE CANGZAI ZIRANJIE DE MIMI

著　者	[美]克丽斯廷·布朗	开　本	20
绘　者	[美]金·马莱克	印　张	5
译　者	马爽	页　数	100
出版人	宛霞	字　数	85千字
责任编辑	赵渤婷	印　数	1-5 000册
封面设计	长春市吾擅文化传媒有限公司	版　次	2024年9月第1版
制　版	云尚图文工作室	印　次	2024年9月第1次印刷
幅面尺寸	212 mm×227 mm		

出　版　吉林科学技术出版社
发　行　吉林科学技术出版社
地　址　长春市福祉大路5788号
邮　编　130118
发行部电话/传真　0431-81629529　81629530　81629531
　　　　　　　　　81629532　81629533　81629534
储运部电话　0431-86059116
编辑部电话　0431-81629520
印　刷　长春新华印刷集团有限公司

书　号　ISBN 978-7-5744-1071-8
定　价　39.80元

目 录

像探险家一样大胆探索
像科学家一样严谨思考

召集所有热爱大自然的小朋友！通过本书享受户外活动的乐趣时，也希望你像探险家一样大胆探索，像科学家一样严谨思考。为什么呢？因为在工作中，科学家和探险家都要运用各种观测技能，在世界各地记录并创建准确可靠的科学信息。科学家和探险家在研究大自然或提出新的工作方法时，都会遵循五个基本步骤。

第一步是观察。科学家和探险家对正在研究的环境或物体进行观察。例如，美国农业科学家乔治·华盛顿·卡佛（1860—1943）观察到有些棉花作物长势不好。他经过观察后提出棉花与花生和红薯轮作长势更好。因为花生和红薯改善了土壤，从而提高了棉花的收成。

第二步是提问。伽利略·伽利雷（1564—1642）是一位热衷于观察星空的意大利天文学家、物理学家和数学家。他对星空充满好奇，提出了很多问题。为了解开疑问，他发明了光学天文望远镜。有了新的望远镜，他就能够更清晰地观察星空，并解开心头的困惑。

第三步是想象。科学家和探险家都会展开想象，对观察后产生的问题进行解答。英国植物学家兼摄影师安娜·阿特金斯（1799—1871）充分发挥想象力，用氰版照相法记录藻类植物的标本。她在纸上涂满化学物质，然后把标本放在上面，当阳光充足时，纸张会变成蓝色，标本的轮廓便印在纸上，产生廓影效应，这就构成了一幅精美的装饰图案。利用这个方法，她拍摄了大量藻类相片，集结出版了《英国藻类图集》。

第四步是检验。珀西·拉冯·朱利安（1899—1975）是一位美国化学家，他了解到一些植物具有药用价值，于是通过不断检验，研制出具有植物药用特性的合成物质（或人造物质）。

第五步是反思。英国博物学家、地质学家和生物学家查尔斯·罗伯特·达尔文（1809—1882）对大量动植物物种进行了观察，并提出了许多问题，这使他得出结论：物种是通过自然选择随时间推移而产生和变异的。

通过本书，你将跟随探险家和科学家的脚步，通过观察、提问、想象、检验和反思五个步骤，完成书中的课程和课外活动。希望你们未来成为地球的终身管家，保护好地球，并在一生中不断应用这五种技能。

读 者 须 知

这本书章节清晰，非常方便阅读。本书共有五章，每一章包含一个与大自然相关的主题：天空、大地、水、植物和动物。每章都包含了若干节课程，每节课程设置了一项课外活动，帮助你在观察环境、提出疑问、发挥想象力寻找答案、检验想法和反思观察结果时，思考和认识大自然。本书中的所有内容都是为了帮助你更好地了解大自然。你在阅读时可以随意跳过章节，选择你最感兴趣的课程和课外活动，或选择与季节时令相对应的课程和课外活动。接下来介绍章节设置。

课　程

本书共20课，分为五章。每节课都侧重于大自然的一个基本要素，并设定一个学习目标。例如，在第一章，第15页"月相"这堂课的学习目标是了解一个月中月亮形状不断变化的过程。

每节课都在引导你像科学家一样严谨地思考，像探险家一样大胆探索；提出发人深省的问题，鼓励你探索这一主题。

阅读完每节课程后，你可以运用各种技巧检验和印证你的想法。然后，你可以记录对这次体验的想法，并反思整个过程。

课外活动

20堂课中，每一节课都设置了一项课外活动。其中分步骤详细说明帮助你应用每节课中的科学原理，就像科学家做实验一样。还会列出材料清单，以及你需要提前完成的准备工作。

有些课外活动，你必须谨慎小心或向成年人求助。这些课外活动包含"安全警示"，还有相关提示，告知你如何调整实验，以及解决可能出现的问题。

活动日记

除了本书之外，你还需要准备一本日记，记录实验过程，并写下问题的答案。在日记中，你可以记录和观察实验结果，并回答每个章节末尾列出的问题。有时你可能还需要画图，作为每堂课外活动的直观提醒。

你可以使用任意一种日记本。如果你擅长画画，可能更喜欢空白日记本。如果你不喜欢画画，只喜欢写字，便可以选择有横格的日记本。如果你两方面都擅长，你也可以选择划线日记本，既为你提供写作空间，也为绘画提供足够的空白空间。

创建一本属于你的自然日记一点儿也不难！选好一种日记风格后，在第一页内写下名字和开始写日记的日期。每写完一篇日记后，在同一页上写下完成日记的日期。为每堂课外活动另起一页，用你正在学习的课程和课外活动做标题，并添加开始这一课程的日期。然后写下你的任何问题，以及课外活动后各个问题的答案。

现在，你对本书的梗概有了初步印象，就可以开始阅读和探索了！

天空

    本章将带你仰望天际！你在天空中看到了什么？太阳、月亮、星星、云彩、雨滴、闪电？还有一些你看不到的东西，比如大气？或者你听到了什么，比如雷声？或者你感受到了什么，四季的更替？

    本章将介绍这片广袤的蓝色空间，并回答关于天空的常见问题。

外逸层
500 ～ 60,000 千米

热层
80 ～ 500 千米

中间层
50 ～ 85 千米

平流层
18 ～ 50 千米

对流层
12 ～ 18 千米

地球

大气层

大气层是地球最外部的气体圈层，包围着地球上的海洋和陆地，大气层的厚度大约在 1,000 千米以上。大气层保护人们免受来自太阳和宇宙中的辐射，避免地表温度发生剧烈变化，为万物生长提供有利的条件，为人们提供氧气，并维持地球水循环。

大气层分为五层，包括对流层、平流层、中间层、电离层和外层。大气距离地表越近就越稠密，越远离地表就变得越稀薄。接下来详细介绍大气圈层。

对流层。对流层位于大气的最低层，从地球表面开始向高空延展，平均厚度约为 12 ～ 18 千米。水通过蒸发和蒸腾上升到对流层中，在这里遇冷凝结成云。当云越来越重，其中的水会以雨的形式回归地表。对流层占整个大气圈层质量的四分之三。

平流层。从对流层向上空延展约 30 千米为平流层，其中包括臭氧层。臭氧层是大气的保护层，像一道屏障，保护着地球上的人们免受太阳紫外线的伤害。商用飞机航线位于这一层。

中间层。中间层又称中层，距离地球约 50 ～ 85 千米。中间层是温度很低的大气，外空间碎片在撞击这一层时通常会燃烧殆尽。

热层。这层分为电离层和磁层，从地球向外延展约80 ~ 500千米。这一层是卫星绕地球运行的空间。美丽多彩的极光是由带磁性的粒子在磁层中产生的，人们利用电离层可进行远距离无线电波通信。

外逸层。大气的最外一层是外层，空气极其稀薄，距离地球约500 ~ 60,000千米。

趣味知识点

你知道天空为什么是蓝色的吗？

太阳光包含多种颜色的光线，都会穿过大气层到达地表。其中，蓝光的波长较短。蓝光被大气中的气体和粒子吸收，形成蓝色天空。

外逸层
500 ~ 60,000 千米

热层
80 ~ 500 千米

中间层
50 ~ 85 千米

平流层
18 ~ 50 千米

对流层
12 ~ 18 千米

地球

3

天气和季节

你知道你所在的地理位置决定了当地的天气和气候环境吗？你住的地方气候怎么样？如果你住在海滩附近，平时你会感觉海风徐徐、阳光和煦；但有时附近的海面上可能会出现飓风（或台风），带来暴风雨。如果你住在高原地区，冬天可能会比较冷，而且经常下雪。如果你住在平原，你所在的地区夏季会有雷阵雨。

我们将天气描述为带来阳光、乌云、闪电、雷雨、龙卷风、飓风等的自然现象。季节分为四季——春、夏、秋、冬，季节交替代表降水、温度和日照的变化。昼夜平分日（春、秋分）和至日（夏、冬至）标志着每天的日照时长。有些地方四季分明，有些地方则四季不太分明。接下来详细介绍每个季节。

春季。春分这天南北半球昼夜平分。春分过后，北半球白天逐渐变长，夜晚逐渐变短。春天气候转暖，万物复苏，是生机勃勃的季节。

夏季。白天更长，夜晚更短。在北半球，一年中白昼最长的一天是夏至。夏至后，白天逐渐变短，夜晚逐渐变长。在夏天，植物郁郁葱葱，花繁叶茂，很多植物开始结出果实。大部分地区天气比较炎热。

秋季。秋分这天昼夜等长，秋分过后，北半球白天逐渐变短，夜晚逐渐变长。秋天树木开始落叶，草木开始枯萎。随着冬季临近，气温也逐渐下降。

冬季。冬至是北半球各地白昼最短、黑夜最长的一天。冬至过后，夜晚逐渐变短。冬天大多数植物都会枯萎，纬度较高的地方大雪纷飞。气温变冷，许多动物（如熊、蛇和蝙蝠）进入冬眠。

云与天气密切相关。地表的水蒸发进入高空，水蒸气附着在空气中的灰尘颗粒上，液化成小水滴或凝华成小冰晶，由此形成云。如果云积聚了太多的水，沉重到空气托不住的时候，就落了下来，形成了雨。

在距离地面1.2～6千米的上空会出现10种不同的云属，这些云彩一般出现在对流层。这10种云属按云底高度可划分为3类云族：

低云族，距地面1.2～2.5千米；

中云族，距地面2.5～6千米；

高云族，距地面6千米以上。

接下来介绍每种云：

层云，属低云族。层云在阴天出现，压得很低，会接近地面。层云呈灰色，较平坦，通常布满整个天空。

雨层云，属低云族。雨层云呈暗灰色，云层厚而浓密。看到地平线上出现这些云彩时，你就知道快要下雨了。

层积云，属低云族。层积云呈灰色或白色，或两者兼有，云底相对均匀。出现这种云时，通常会出现毛毛雨或冰雪。

积云，属低云族。积云云体庞大，呈白色，上部隆起像花椰菜。在温暖的夏日，躺在草地上仰望天空时，可以看到这种云。积云云顶是白色的，云底是灰色的。

积雨云，属低云族。积雨云外形像山峰或巨塔，云体庞大，云内部有上升气流，会一直向外延伸。这些云会带来降水。

高积云，属中云族。高积云比层积云体积小，呈白色或灰色，小型蓬松云是天空中最常见的云。这些云最常出现在夏季，表明风暴即将来临或冷锋来临。

云的类型图

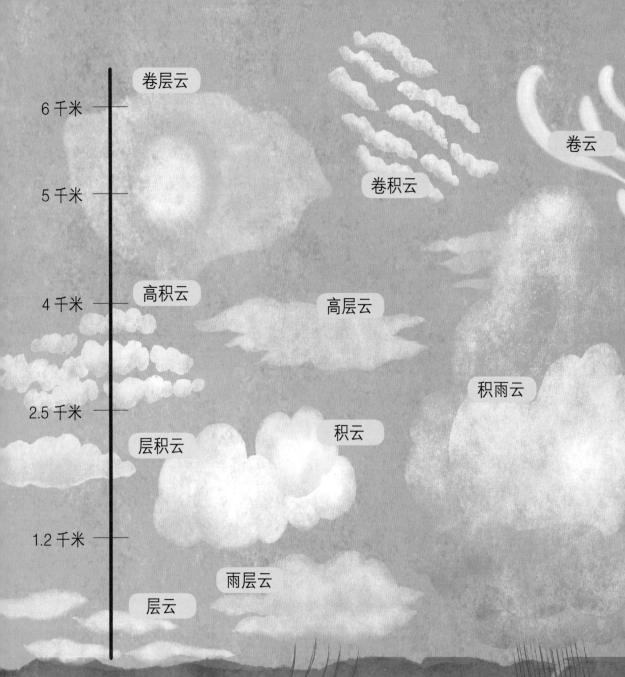

卷层云

6 千米

5 千米

卷积云

卷云

4 千米

高积云

高层云

积雨云

2.5 千米

积云

层积云

1.2 千米

雨层云

层云

高层云，属中云族。高层云颜色呈灰白或暗蓝色，云底均匀呈幕状，常遮蔽全部天空，隐约透光。这种云通常表示暖锋即将来临，但如果高层云与积云结合，则可能表示冷锋来临。

卷积云，属高云族。云块很小，白色无影，由细小冰晶构成。卷积云不太常见，通常出现在冬天或室外温度很低的时候。卷积云又叫"微云"，因为它们太小了。

卷层云，属高云族，呈白色透明云幕，在上层形成并覆盖整个天空。太阳透过卷层云云幕时轮廓分明。这些云通常表明暖锋正在移动。

卷云，属高云族。卷云在高空呈窄条状，一端向上卷曲，云体呈白色。与卷积云一样，卷云是由冰晶而不是水组成的。

趣味知识点

你知道南半球和北半球的季节是相反的吗？

北半球夏季对应的是南半球的冬季，北半球春季对应的是南半球的秋季。

做一朵云

时间
15 分钟

类别
实验，室内

材料
1/3 杯热水
带盖的坛子，比如干净的空泡菜坛
冰块
小罐装喷雾型发胶

你有没有想过云是如何形成的？这堂课外活动课将帮助你了解云是如何由水蒸气形成的。

安全警示：小心使用热水，不要造成意外烫伤。

准备工作
将所需物品集齐，做好准备工作。

说明
1. 将热水倒入坛子中，顺时针转动坛子，以加热坛壁。

2. 将盖子倒置在坛上，这样盖子就变成了一个小托盘。在盖子中装满冰块。

3. 让冰块在盖子上静置 20 ~ 30 秒。

4. 快速地把盖子掀开一点儿，向坛子里喷一点儿发胶，然后将盖子迅速盖回去。

提示

➡ 如果你无法快速将发胶喷入坛中，求助成年人帮你完成这一步骤。

5. 观察坛子，看看会发生什么。根据你的观察，你能猜出是什么形成了云吗？发胶模拟的是什么？如果打开盖子会发生什么？

6. 掀开盖子，观看云朵升腾，然后消失在空气中。

自然课外活动日记

本课内容丰富！讲述了大气、天气、季节和天空中10种不同类型的云，你了解了各种自然现象。请在日记中回答以下问题。

1. 你认为将发胶喷入坛中时为什么会形成云？你认为在你喷入发胶之前"云"就存在吗？

2. 你见过雾从地面升腾吗？你认为雾是怎么形成的？雾和云是一回事吗？它们有什么不同？

结论

在这堂课中，你了解到云是如何形成的。本堂课呈现了这一过程，因为热水和空气在坛子中会形成水蒸气，水蒸气上升与盖子附近的冷空气相遇，冷空气将水蒸气向下推。当发胶喷入坛子中时，就如同空气中的灰尘颗粒，水蒸气会附着其上形成云。

日出日落

你有没有一大早起来观看过日出？有没有在河畔或者窗前观看日落？是什么让天空变成红色、橙色、紫色或黄色的？在前一课中，你了解了天空为何是蓝色的。这堂课，让我们来了解日出和日落时天空的颜色是如何形成的。

日出和日落时，太阳位于离地球更远的地方。蓝色短波反射时，光线会偏离我们的眼睛，变得太淡而无法被看到。我们的眼睛仍然可以看到红色和黄色的光波，所以在早晨和傍晚，我们会看到美丽的朝阳和晚霞。

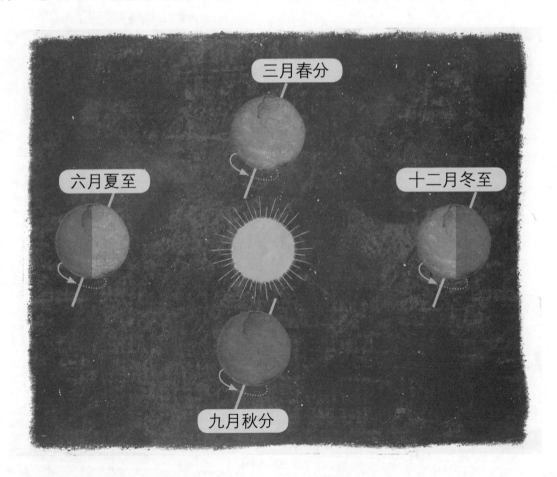

三月春分

六月夏至

十二月冬至

九月秋分

早上太阳从东方升起，傍晚在西方落下，日复一日。虽然一整天太阳似乎从东向西移动，但它实际上是静止的。这是因为地球在自转的同时绕太阳公转，自西向东旋转。地球约 24 小时自转一圈，就是一天。

在时钟出现之前，古代劳动人民根据一天之中太阳出没的规律、天色变化来计时。当太阳直射地面，大约是中午，太阳从地平线升起是早晨，在地平线落下是傍晚。人们将一天划分为日出、日落和中午。

地球绕太阳公转需要一整年时间，同时也在自转，反复靠近和远离太阳，使白天变长或变短。北半球六月夏至和十二月冬至，这两天是一年中白天最长和最短的时候，南半球则恰好相反。北半球三月春分和九月秋分分别是白天和黑夜长度基本相等的时候。天体运动是有规律的，我们将在下一章中详细讨论。

趣味知识点

你知道吗？在北半球，
地球靠近太阳时，就是冬天。
地球远离太阳时，就是夏天。

你会认为，靠近太阳地球气候会更温暖。然而，地球靠近太阳时，北半球日照时间更短，白天更短；地球远离太阳时，北半球日照时间更长，白天更长。

利用太阳计时

时间
30 分钟

类别
工艺，观察，户外

材料
白色油漆
油漆刷
胶合板（约 30 厘米 × 30 厘米）
直尺
铅笔
钉子（15 厘米或更长）
锤子

提 示

➡ 如果没有胶合板和大钉子，可以用一块白色的硬纸板和一支铅笔代替。

你用过日晷计时吗？太阳在天空中时，根据它在地面上的投影的长短、方向对一整天的时间进行划分。千万别忘了简易日晷的准确度在很大程度上跟你所处的纬度有关！

安全警示： 钉钉子时要小心，可以请成年人协助。

准备工作

1. 用油漆刷在板子较光滑的一面刷上白色油漆，然后将油漆晾干。

2. 使用直尺，在板子两个对角之间用铅笔轻轻画一条线。

3. 对板子另两个对角重复上一步骤，在胶合板上画一个"X"。

4. 用锤子小心地将钉子敲入"X"的中心，钉深一点儿，以免钉子脱出。这样日晷就做好了！

说明

1. 阳光明媚的日子适合用日晷计时。在户外，找一个不受干扰的理想位置，将日晷放在平坦的地面上。

2. 在整点（早上6：00）观察太阳的阴影在日晷上的位置，用铅笔在板子上的阴影处画一条线，标上时间。

3. 之后每到整点就在日晷上做标记，直到日落。你能猜到日落前每小时太阳的阴影会落在哪里吗？

4. 用日晷计时。

结论

在这堂课，你了解了古人如何利用太阳的阴影对一天中的时间进行划分；了解到地球自转时，太阳会升起和落下。你在课外活动中学到如何制作日晷，还学到了地球公转而产生四季的变化。

自然课外活动日记

你已经了解了如何在地球自转时，靠近和远离太阳的过程中判断日照时长，现在通过你所学到的知识，在日记中回答这些问题。

1. 你知道古人划分时间的其他方式吗？

2. 你认为时间划分对古人重要吗？

3. 你知道其他古代文明划分四季的方法吗？

月相

月球是地球的卫星，围绕地球公转一圈大概需要一个月。与地球不同，月球在公转时不会自转，也就是说，我们从地球上看到的月球表面总是相同的。虽然月亮看起来非常明亮，但月球本身不会发光。月球表面会反射太阳的光，使它看起来在发光。虽然月亮比太阳小得多，但我们看起来却和太阳一样大，因为月亮比太阳离地球更近。

月相是月球圆缺（盈亏）的各种形状。月球绕地球运转，地球绕太阳运转，月球、地球和太阳三者的相对位置不断变化，因此，地球上的人们所见到的月球被照亮部分也在不断变化，从而产生不同的月相。月相与月球、太阳之间的黄经差有对应关系，当黄经差为 0°、90°、180° 和 270° 时，依次称为新月（朔）、上弦、满月（望）和下弦。月相更替的平均周期等于 29.53 平太阳日，即朔望月的平均长度。

趣味知识点

"月海"是海吗？

因为早期的观察者发现月面有部分地区较暗，而当时的技术条件无法清晰观察到月球表面的真实情况，观察者们按照其对地球的认识，猜测该地区为海洋。但那其实是火山喷发出的火山灰。

月相变化图

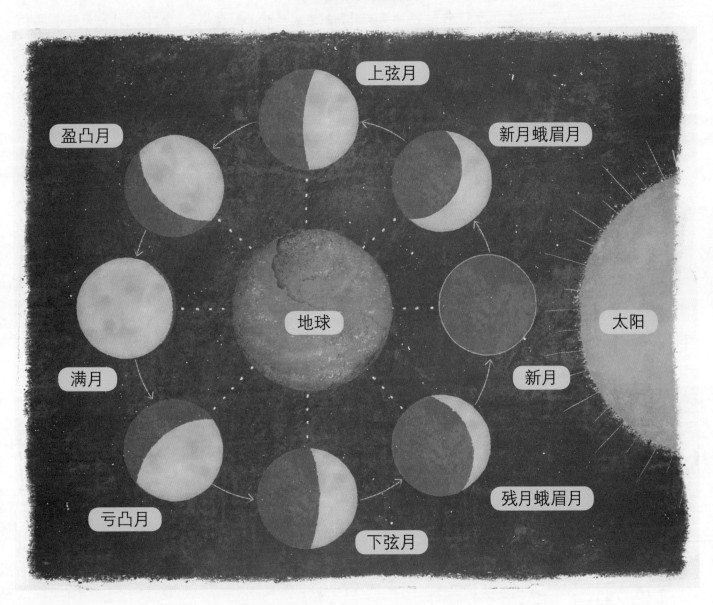

月亮公转周期

时间
每晚几分钟
持续 30 天

类别
观察，户外

材料
铅笔
一元硬币
黄色和灰色记号笔
彩色铅笔
蜡笔（可选）

提 示

➡ 这堂课外活动课中的观测最好从新月开始，这样你就可以从周期开始看到月亮每晚的变化过程。

你有没有抬头仰望月亮，看看它是什么形状的？为什么每个月月亮的形状都在变化？月亮完成整个形状变化需要多长时间？在这堂课外活动课中，你将连续每天晚上观察并绘制月亮的形状。

准备工作

在日记中，使用铅笔和一元硬币画 30 个圆圈，每组 2 个，一共 15 组，这可以帮助你追踪月相。在每个圆圈的右侧留出足够的空间记录月相位。

说明

1. 从月亮公转周期的任何时间开始记录，在晚上观察月亮。使用铅笔或记号笔在日记中的第一个圆圈中填上月亮的形状。在月亮形状旁边，写下日期（月和日）、具体时间和月相名称（如果你知道的话）。

2. 坚持每天晚上观察月相并填充圆圈，从第一组开始，一直向下填，直到填满 30 个圆圈。

3. 推测月亮将如何变化，并记录你对观察结果的想法，以及正确率。

➡ 如果晚上多云，看不到月亮，请将圆圈留白并进行标注。第二天晚上，如果天气转晴，在画好月亮的形状后，将形状与两天前的月亮形状进行比较，之后用介于两者之间的一个形状填充留白的圆圈。

结论

这堂课帮助你了解，地球绕太阳转、月球绕地球转的规律，以及月亮的形状每天都在变化。在一个月中，月亮逐渐变圆（月盈），直到变成一个完整的圆（满月）；满月之后，月亮逐渐变缺（月亏），直到从夜空中消失。

自然课外活动日记

这堂课介绍有关月相的知识，结合这堂课和课外活动在日记中回答下面的问题。

1. 月亮是不是每天晚上都在同一时间出现？

2. 每天晚上月亮都一样大吗？如果不一样，为什么大小也发生了变化？

3. 你最喜欢的月相是什么？为什么？

仰望星空

当天空中挂着新月时，如果你住在市区，可以和家人到郊外漫步，会看到无数小亮点在天空中闪动，那就是星星！

星星是指人们肉眼可见的宇宙天体，星星内部的能量活动使它们的形状不规则。星星大致可分为行星、恒星、彗星和白矮星等。

古人对星辰不了解，对其充满了敬畏。在大海上航行的船员利用星星的帮助在夜间航行，以北极星为向导保持航向。星座是指宇宙中在天球上投影位置相近的恒星组合。人们把这些星星组成的图案想象成各种各样的生物，如鲸鱼、海怪，或者神话人物等，如猎户座。

由于地球的自转和公转，一年中的不同时间会看到不同星座。例如，在北半球只有秋冬两季才能看到猎户座。

你能想到一些关于星座的故事吗？你有没有抬头仰望天空，注意到星星构成的某个形状？这个景象会令你想到什么故事？

趣味知识点

你知道北半球和南半球的人们看到的星座是不一样的吗？

从不没入（或升出）地平面的星座被称为拱极星座。对于在中纬度的北半球观星者而言，这些星座位置保持不变。

命名你的星座

时间
30 ~ 60 分钟

类别
创意写作，室内
观察，户外

材料
头灯或手电筒
铅笔

小熊座
小北斗七星

你了解天空中的星座吗？你有没有想过星座是被谁命名的？你也可以通过观察星星组成的图案命名属于自己的星座。在这堂课外活动中，你要学会观察天上的星星，找到一个图案并画下来，然后为这个星座起一个名字，编一段故事。

准备工作

1. 在晴朗的夜晚外出，最好是在新月的时候，这样月亮的光不会使其他星星显得太过黯淡。

2. 抬头观察星星。要有创意，别寻找你知道的现有星座。发挥你的想象力，看看是否会出现新的星星图案。天空中有数十亿颗星星，你很容易就能看到各种全新的星座图案。

3. 想象一下古人是如何观察星空的。现在可以借助望远镜观察天空中的星星。

说明

1. 你观察星空一段时间后，是否有特定的图案不断映入你的眼帘？你发挥想象力，根据你看到的图案创建一个新星座。

2. 打开你的日记本，用铅笔勾勒出图案，特别要注意图案中亮度特别高的星星。

3. 注意你的星座在星空中的位置。是在南方、西方、北方、还是东方？使用地标帮助你记住位置，例如"后院橡树正上方"或"隔壁建筑物右侧"等。

4. 把你记下的星点连接起来，勾勒星星的形状。为你的新星座取一个名字。它是不是让你想起了你的狗狗，或者你最喜欢的超级英雄？

5. 编一个故事，讲述新星座名称的由来。

自然课外活动日记

在这堂课，你了解了星座的基本知识。在日记中回答这些问题时，理解本堂课和课外活动所学的知识。

1. 你认为星象观测在古代文明中为何如此盛行？

2. 你最喜欢的星座有哪些？为什么？

3. 南半球与北半球可以观测到的星座有什么不同？

结论

这堂课外活动带你体验星座是如何命名的。古人们观察星星并将它们命名为日常生活中的事件、人物、动物或神话角色。我们还应该不断观察并完善星座的知识体系。

赤铁矿

黏土

云母

岩盐

磁铁矿

黄铜矿

大 地

　　第一章介绍了天空。现在，把目光转向大地，看看我们的星球内部是由什么构成的，以及它是如何运转的。

　　本章将带领大家探索地球的自转和公转的规律及其对光照和天气的影响，然后深入地球的核心，了解它的构成。我们还将探索地壳和地表，以及岩石和矿物；还要了解化石是如何形成的，以及化石透露的信息。本章末尾，我们会了解地球上不同类型的美丽景观，以及地貌特征。

地球的自转、公转

地球总是以逆时针方向绕地轴自转。地轴是一条看不见的线，穿过地球的中心，贯穿北极和南极。如果能在宇宙中观察地球的自转，会发现地轴不是竖直的，而是倾斜的，与赤道垂直。

正如在第一章了解到的，地球绕地轴自转一圈大约需要 24 小时。地球以每小时近 10,800 千米的速度转动！

除了绕地轴自转外，地球还绕太阳公转，公转的意思是"一个天体绕着另一个天体转动"。地球绕太阳公转一圈大约需要 365.25 天。

趣味知识点

为什么闰年有 366 天？

地球绕太阳运行的周期约为 365.25 天，一个回归年。公历的平年只有 365 天，比回归年短约 0.25 天（6 小时）。余下的时间每四年累积一天，所以在第四年的 2 月末加 1 天，使当年的时间长度变为 366 天，这一年就是闰年。

白天和黑夜的区别

时间
15 ~ 20 分钟

类别
实验，观察，室内

材料
地球仪
暗室
手电筒

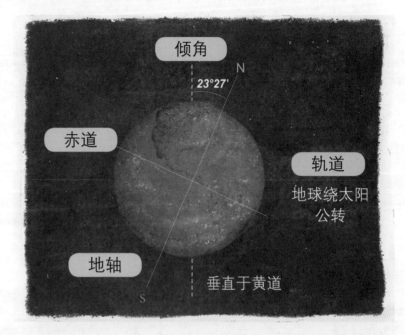

你知道白天和黑夜是怎么形成的吗？为什么我们居住的地方还是白天，而地球另一侧却是夜晚？为什么世界各地会划分不同时区？这堂课外活动课中，你将创建一个地球自转模型，了解白天和黑夜是如何形成的，以及为什么会存在时差。

准备工作

1. 将地球仪放在桌子或其他平坦的表面上，这样你就可以一只手拿着手电筒，另一只手轻松旋转地球仪。

2. 关闭百叶窗或窗帘，并关掉所有灯，使房间变暗，这样你就可以更好地观察手电筒光线落在地球仪的什么位置。

提 示

➡ 如果有人帮你拿着手电筒，你旋转地球仪会更方便，这样你就可以更全面地观察。

25

说明

1. 想想地球的自转规律，并观察地球仪。为什么太阳从东方升起，然后在西方落下？用手电筒照地球仪时，你认为会发生什么？

2. 将手电筒想象成太阳，水平照在地球仪的一侧。同时，开始逆时针旋转地球仪。

3. 手电筒的光是照亮了整个地球仪还是只照亮了一部分？

结论

你刚刚验证了太阳光只能照亮地球的一侧，因为地球是不透光的球体。地球绕地轴自转时，太阳照亮地球的一半，形成白天，而地球的另一半背对太阳，形成夜晚。人们设定了不同的时区，因此无论你在地球上的哪个地方，日出和日落的时间都大致相同。

自然课外活动日记

你已经了解了地球绕地轴自转以及昼夜交替的规律，现在总结你所学到的知识。

在日记中回答以下问题。

1. 描述这堂课外活动课中太阳为什么只照亮地球的一半。

2. 早上，太阳光最先照亮在你们国家的哪个地区？

3. 如果每四年在日历上不多加一天，会发生什么？

地球的内部结构

在地球表面，我们可以很容易地观察到土壤，但整个地球（直到地心）都是由土壤构成的吗？实际上，土壤只是地球四个主要圈层之一的一部分，这四个圈层由内而外包括内核、外核、地幔和地壳。

内核。内核位于地球的正中心，是一个由铁、镍、金、银、铂、钯和钨等元素组成的实心球体。内核半径有 3,470 千米，内核温度 5,500℃以上（比熔岩热 10 倍以上），压力极大，可以保持固态。

外核。外核厚度约为 2,200 千米。外核层是液态的，由液态的铁和镍构成，温度约 6,000℃。由于是液体，外核的自转速度比地球自转快得多，从而形成了地球磁场。

地幔。地幔分为上下两部分。下地幔最靠近外核，大部分为固态，密度低于上地幔。下地幔的厚度为 650 ~ 1,300 千米，温度最高可达 3,870℃。上地幔的厚度为 320 ~ 400 千米，半固态，温度为 480 ~ 870℃。上地幔所含的铁和镁比地壳更多，所含的硅则更少。

地壳。地壳是地球的固体外壳。地壳厚度为 5 ~ 70 千米不等，主要化学元素为氧、硅、铝等。地壳有两种不同类型，即大陆地壳和海洋地壳。海洋地壳位于海洋的下方，是由火山爆发形成的火成岩和硅镁质岩石构成的致密岩层。大陆地壳形成了我们所在的大陆，并且更厚。海洋地壳覆盖了地球表面的 60%，大陆地壳覆盖了其余的 40%。

地壳和上地幔由不同的板块组成，称为构造板块。这些板块像拼图一样拼凑在一起，但以不同的速度和方向缓慢移动，彼此远离，彼此靠拢，有时还相互碰撞。

最终，板块不断运动，逐渐积累了巨大的能量。在海洋中，地震波会引发海啸，海啸可以撞击大陆并造成巨大破坏。如果地震波发生在大陆而不是海洋，就会发生地震。

趣味知识点

你知道世界各地
每天发生数千次地震吗？

大多数地震的震级很小，只有特殊的机器才能探测到，但板块运动正在不断地重塑大陆和海洋。

制作三维地球模型

时间
30 ~ 60 分钟

类别
工艺，室内

材料
蜡纸或羊皮纸
工作台
六种不同颜色的黏土
擀面杖
黄油刀

提 示

➡ 如果你想悬挂模型，则在晾干（适用于自硬黏土）或烘烤之前在顶部拧一个小穿线钩。模型干燥后，可能需要用透明密封剂涂覆，使其表面发亮。

科学家们使用科学的观测方法来探测地球的内部结构。利用这些观测结果，科学家们可以制作地层模型。你可以根据这节课学习的知识，使用黏土制作地球的三维模型。

安全警示： 用小刀切黏土时务必小心。

准备工作

收集用品，并将蜡纸放在工作台面上。

说明

1. 参见第 27 页的结构图来制作地球模型。

2. 思考一下，哪些结构看起来最厚，哪些看起来最薄。

3. 使用橙色黏土，滚成一个直径约 3.5 厘米的球。这个球代表地球内核。

4. 使用擀面杖，将红色黏土擀成约 2 厘米厚的薄片。小心地将这层包裹在橙色圆球周围，使其平滑，直到完全包裹住内核。红色这层代表外核。

5. 将黄色黏土擀成 0.6 ~ 1.3 厘米厚的薄片。这层代表下层地幔。将这层包裹在外核上，并小心地将其弄平，小心不要挤压已经做好的部分。

6. 将棕色黏土擀成约0.5厘米厚的薄片，代表上层地幔。像下层地幔一样操作。

7. 模型快完成了！再擀出一层薄薄的蓝色黏土，刚好可以包裹整个上地幔。将这一层覆盖在模型上后，发挥你的想象力擀出一些绿色板块，在地球模型上创建大陆。

8. 做好地球模型后，你可以用黄油刀切开模型，这样就可以看到所有的内部结构了！

9. 要完整显示地球模型内部的各层，请切割整个球体的四分之一。

结论

你了解了地球内部结构分为四层。根据温度和压力的情况，这些层可以是固体或液体。科学家们探测并记录地球每个区域所包含的物质类型，由此了解地层结构。通过学习这些知识，你能够制作自己的地球模型。

自然课外活动日记

刚刚了解了地球的内部结构及其活动。现在，通过你所学到的内容，在日记中回答下面这些问题。

1. 为什么挖穿地球直达地心是不可能的？

2. 探险家通过对大陆地壳的物理探索已经能够绘制出大部分大陆的地图，但对海洋最深处的探索仍非常困难。你认为科学家是如何了解海底地壳的形状的？

火成岩

沉积岩

变质岩

岩石与矿物

地壳中含有多种岩石和矿物。岩石和矿物质是无机的，它们区别于植物或动物。它们是天然化合物，而不是人造的。

你知道一些岩石和矿物的名称吗？想一想所有你能说出的岩石和矿物名称，并在日记本中记下来。

地球中的矿物都是由地质作用形成的，它们是内部排列有序的均匀固体。矿物质可以在各种材料中找到，包括人体内部。接下来介绍一些常见矿物类型。

碳酸盐。碳酸盐占地壳总质量的 1.7%，分布广泛，由钙和碳元素组成，称为方解石。

金属氧化物。氧化物占地壳的一小部分，由氧元素和另一种金属化学元素组成。氧元素和铁元素结合形成磁铁矿，磁铁矿占地壳总质量的 3%。

硅酸盐。硅酸盐是地壳的主要组成部分，由硅、氧与其他化学元素组成。自然界存在的各种天然硅酸盐矿物约占地壳总质量的 75%。

岩石是由一种或几种矿物和天然玻璃组成的、具有稳定外形的固态集合体。矿石和岩石相似，两者都是矿物的集合体，矿石是一种特殊的岩石。区别是矿石中可利用的矿物成分很集中，具有开采价值。岩石有各种质地，从硬到软。地壳中有三种岩石：火成岩、沉积岩和变质岩。接下来介绍每种岩石的特点。

火成岩。火成岩是火山喷发的岩浆凝固后形成的。岩浆冷却后，就会形成岩石和矿石。大多数火成岩含有硅酸盐矿物和一些硫化物矿物。花岗岩是常见的火成岩之一。

沉积岩。在水、风、热和压力的作用下，随着时间的推移，火成岩的化学成分会发生变化，从而形成沉积岩。

变质岩。极端条件，包括高温和长时间高压，可以将火成岩和沉积岩转变为变质岩。常见的变质岩包括大理石、石英岩和板岩。

以上三种岩石是可以相互转化的。

岩石与矿石开采出来后有各种用途，可用于制造建筑材料、铺路机、手表、电脑和手机、膳食补充剂、砂纸、油漆和火柴等。你能想到家里有什么材料是由岩石和矿石做的吗？

趣味知识点

你知道日常生活中人离不开岩石和矿物吗？

在人的一生中，会使用超过1,300吨的岩石和矿石！

化石

你知道什么是化石，以及它们为什么如此重要吗？你在户外游玩时有没有碰巧发现过化石？化石是保存在岩层中的地质历史时期的古生物遗体和生活遗迹，以及生物成因的残留有机物分子。在很长一段时间内，沉积物逐渐硬化，其上留下植物或动物的痕迹。数百万年后，随着沉积物的沉降和移动，这些化石可能会暴露在地表上。

通常，考古学家在探索某个地点时会进行考古挖掘。化石类似于古老时光给人类留存的自然日志。它们就像地球生物的卷宗，记录了数百万年前的各种生命。化石会告诉我们很多事情，包括植物或动物的年龄、物种的进化规律以及植物或动物生活年代的气候。

趣味知识点

你知道吗？只有植物和动物的硬组织才能变成化石。

柔软的组织在变成化石之前就腐烂了，例如古代的鲨鱼，因为它们是软骨鱼，所以很难成为化石。

自己动手制作化石

时间
1 ~ 2 小时

类别
工艺，室内

材料
硅胶蛋糕内衬和保鲜膜
培乐多彩泥或软橡皮泥
收集的物品
熟石膏
塑料容器
勺子

提 示

➡ 用勺子将倒入模具的熟石膏抹平。
➡ 你还可以将塑料昆虫或其他生物压入彩泥中，制作"化石"。

真正的化石不可能在一个下午就形成，但我们可以制作化石的复制品，了解化石是如何形成的，并观察它们。在这堂课外活动课的第一部分，你将制作一个简单的模具；在第二部分，你将用模具制作化石。为了制作化石，你需要收集一些物品，例如松果、橡子、贝壳、树叶或雏菊等，还有骨头、坚果壳、种子和树枝等。

安全警示： 让成年人帮你搅拌熟石膏，最好戴上口罩、眼镜，注意不要吸入粉末。

准备工作
1. 如果你使用的是硅胶蛋糕内衬，就在每个内衬里垫上保鲜膜。
2. 在准备好的塑料容器底部放一块约 1.3 厘米厚的培乐多彩泥。

说明
1. 在日记中记录你使用的自然物品及其来源，想象一下这些物品会形成什么样的化石。
2. 将一个物品压入蛋糕内衬中的培乐多彩泥，确保物品最有质感的一侧被压入泥中。

3. 小心地从彩泥中取出自然物品，并将蛋糕内衬连同彩泥放在一边。

4. 在塑料容器中小心地搅拌熟石膏。

5. 使用勺子将熟石膏转移到彩泥内的印模中。

6. 将石膏静置直至完全干燥，约 1 小时。在石膏干燥的同时，为正在化石化的物品绘制草图。

7. 石膏干燥后，小心地移出熟石膏中的彩泥。这样你就拥有栩栩如生的化石了！

结论

数百万年前，植物和动物死后，遗骸被沉积物掩埋，其中的软组织腐烂了，但硬组织没有腐烂，逐渐形成了化石。在这堂课外活动中，利用熟石膏制作沉积物，你能了解化石是如何形成的。

自然课外活动日记

化石使科学家们更加了解地球的历史。你刚刚亲手制作了化石，可以像科学家一样对其进行研究。现在，通过你所学到的内容，在日记中回答这些问题。

1. 你想成为一名考古学家，继续进行考古挖掘，探索和发现化石吗？无论愿意或者不愿意，都请说明理由。

2. 为什么科学家对化石进行研究非常重要？

地貌和景观

地貌，是地球表面各种形态的总称。地表形态是多种多样的，是内、外力共同作用的结果，例如构造运动和风化侵蚀。接下来详细介绍一些常见的地貌。

山峰，一般指尖状山顶并有一定高度，多为岩石构成，包括：

悬崖，陡峭、悬垂或垂直的岩石表面；

丘陵，连绵起伏，海拔低于高原；

洋中脊，海底山脉；

山脉，山势起伏、呈线状延伸的山地；

平原，地势相对平坦或者有一定起伏的广阔地区；

山脊，连绵、狭长的丘陵或山脉的陡峭边缘，宛如兽脊凸起的部分；

火山，指由地下熔融物质及其携带的固体碎屑冲出地表后堆积形成的山体。火山爆发时火山口会排出蒸气、灰烬甚至熔岩。

一些地貌形成了各种山谷，包括：

盆地，比周围陆地低的沉降区域，整个地形外观与盆子相似；

峡谷，悬崖峭壁所围住的山谷；

箱形峡谷，三边都是悬崖峭壁；

沟壑，流水侵蚀地貌；

海洋盆地，指大洋中脊和大陆边缘之间的深洋底，位于海底；

涧谷，河岸侵蚀形成的狭窄峡谷；

山谷，两侧高山之间的低洼地带。

景观指一定区域内所有可见的景象特征，包括地形、地势、地貌和植被。沙漠是一种自然景观，而城市是一种人造景观。

随着时间的推移，地貌和景观都会发生变化。地貌的变化是渐进的，要过几年甚至几千年才会显现出来。

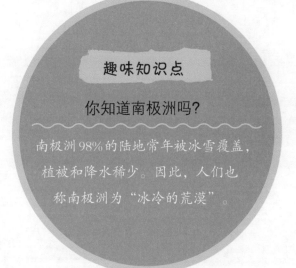

趣味知识点

你知道南极洲吗？

南极洲98%的陆地常年被冰雪覆盖，植被和降水稀少。因此，人们也称南极洲为"冰冷的荒漠"。

亲手创建迷你景观

时间
1 小时以上

类别
工艺，户外

材料
收集天然材料
园艺手工工具
抹泥刀
桶
水

你有没有被某个景观吸引过？如果你住在平原，也许你希望看到巍峨的山脉；如果你住在山区，可能会喜欢广阔的沙漠，到处都是沙子和仙人掌。在这堂课外活动课中，使用户外可以找到的天然材料以及沙土等，在空地或院子里打造你梦寐以求的景观吧。

准备工作

1. 寻找一个可以为你的景观提供绝佳背景的区域。

2. 考虑一下你想打造什么样的景观，并收集相应的材料。

3. 检查是不是还需要其他材料，例如沙子或砾石？

说明

1. 使用园艺手工工具。

2. 如果你想建造一些迷你山脉、丘陵或高原，则在桶中添加一些土壤和水，做成可塑的泥浆。

3. 把泥浆放在你想放置的地方，然后用园艺工具和抹泥刀堆砌修整。

4. 继续构建景观，添加一些小树枝、草或苔藓，以创建你想象中的景观。

5. 你会用枝条做木屋或栅栏吗？藤蔓通常可以扭在一起作为拱门，形状均匀的石头可以做铺石和小路。

提　示

➡ 尝试在阳台或大型浅花盆中打造迷你景观。从附近公园或其他野外空间收集材料。

6. 如果你愿意，可以挖一条小溪或一个湖泊，或者在景观中造一个峡谷。继续构建景观，直到你满意为止。

7. 完成后，在日记本中记录你的景观，同时画草图或贴上照片。

结论

这堂课，你了解了地貌和景观，并探索了创造迷你景观的各种方式。正如我们世界里的景观丰富多样，你创造的景观也具有无限可能。

自然课外活动日记

你了解了地貌和景观的基本概念。总结你是如何创建景观的，并思考在这堂课学到了什么。在日记中回答以下问题。

1. 观察你居住的地方，你能描述一下你家周围的地貌特征吗？

2. 自从你住在这里以来，你注意到周围的景观发生了什么变化吗？

3. 你选择了什么类型的自然材料来制作你的微型景观，为什么？

大海

凹湾

海湾

汇流

海岬

地峡

河流

小海湾

峡谷

三角洲

湖泊

入海口

入海口

小海湾

宽海峡

大洋

大峡湾

半岛

水

　　提到水，你会想到什么？也许是附近公园的一条潺潺小溪，你忍不住想跳进去捉蝌蚪。也许是大海，海浪拍打着海岸，不时把贝壳和海藻冲上岸。也可能是一个宁静的湖泊，你和爷爷一起划船钓鱼。

　　以下课程内容重点介绍地球上的水，介绍淡水和咸水之间的区别，以及在这两种环境中不同的生态系统。完成课程和课外活动时，许多关于水的疑问都会迎刃而解。

水体

水是地球上最常见的物质之一，水覆盖地球表面 71%，是人类生存的重要资源，也是生物体重要的组成部分。

地球上水的总量为 14 亿立方千米，虽然在数据上水资源充足，但淡水储量仅占全球总水量的 2.53%。我国淡水资源总量为 2.8 万亿立方米，居世界第六位，但人均水量只相当于世界人均占有量的四分之一，居世界第 109 位。所以，我们要节约用水。

与淡水相对，咸水主要包括海水和一部分湖泊（咸水湖）。地球上的水 97.47% 是咸水，虽然咸水不能直接饮用，但是随着地球人口增多、淡水资源危机日益凸显，人们通过技术手段降低咸水里盐的含量，供一部分日常所需饮用水。人们也会通过蒸发咸水里的水分来获得盐。

淡水还分为地表水和地下水。地表水是指陆地表面上动态水和静态水的总称，亦称"陆地水"，包括各种液态的和固态的水体，主要有河流、湖泊、沼泽、冰川、冰盖等。它们是人类生活用水的重要来源之一，也是各国淡水资源的主要组成部分。

趣味知识点

你知道地球的大部分陆地都被水覆盖吗？

水占地球表面积的 71% 以上。

河流

河流分布较广，水量更新快，便于取用，历来是人类开发利用的主要水源。

冰川

极地冰川和冰盖难以大量开采利用，但中低纬度的高山冰川是比较重要的水资源。高山冰川是"固体水库"，储存固态降水，对河流有补给调节作用。

湖泊

湖泊是蓄存、调节径流的水体，更新缓慢。

沼泽

沼泽是一种独特的水体，是一些喜湿植物的生长地区。我国的沼泽分布很广。

地下水

地下水是指存在于地面以下、岩石空隙中的水，是水资源的重要组成部分。由于水量稳定，水质好，其是农业灌溉、工矿和城市用水的重要水源之一。

水也创造了自然分界，如海岸和河岸等水体边缘可以勾勒城市、省、国家甚至大陆。想想离你居住地最近的水体，它是否形成了自然边界？也许你住在分隔两省的某条河流旁边，例如河南、河北，以黄河分界。也许你住在一个湖泊附近，湖泊形成了两省的分界，例如湖南、湖北，以洞庭湖分界。

水体观察

时间
每天几分钟
持续几周

类别
观察，户外

材料
当地水体

你注意到你居住地周围的水体了吗？水无所不在，如路上的水洼、城镇的河流。思考这些水的来源（例如，降雨会形成水坑或河流流入当地湖泊）以及它们的可持续性。这堂课外活动课帮助你像科学家一样严谨地思考，收集数据并比较结果。

准备工作

1. 在日记本中列出你居住地内短时间可以到达的所有水体。可以请父母帮助你一起总结。

2. 在日记本中列出六栏。第1栏标明"水体"，第2栏标明"地点"，第3栏标明"来源"，第4栏标明"可持续性（全年、季节性、依赖降水）"，第5栏标明"水的类型（淡水或咸水）"，第6栏标明"备注"。

说明

1. 在接下来的几周内，绘制你所在地区存在的水体图。

2. 探访某个水体时，请仔细观察，思考水体的源头（天然的或人工的）是什么（降水、溢流、海洋），全年有水还是季节性有水。

3. 整理好清单后，花点儿时间仔细检查一下。想象你坐在一架直升机上，在空中飞行，你能观察到这些水体是如何连接的吗？水体之间的关系（如有）是怎样的？

4. 你所在的社区如何使用这些水？思考一下，这些水为社区提供了什么？

你刚刚探索了当地的水体以及它们对你所在社区的作用。你进行的探索不应局限于当地的水体，还应包括地球上的各种水体。这堂课外活动鼓励你科学地思考水的重要意义。

自然课外活动日记

记录你在探索不同水体时学到的知识，思考这些水在地球上的作用。对课外活动进行总结后，在日记本中回答以下问题。

1. 你能想到水对人类和地球的其他重要作用吗？

2. 你所在地区的水体对社区有什么重要意义？

3. 如果其中一个水体的水源干涸，会发生什么？其他水源能否弥补缺失的水源？

淡水和咸水

现在你大概了解了不同的水体，接着来了解两种类型的水——淡水和咸水。淡水是指陆地上的淡水资源，是由江河和湖泊中的水、高山积雪、冰川及地下水等组成的。而咸水是泛指海洋中和咸水湖的水。它们之间有什么不同呢？

顾名思义，淡水是含盐量小于 0.5 克 / 升的水，而咸水是指溶解较多氯化钠(即盐)的水。平时人们饮用的是淡水，如果饮用咸水，人体就很容易脱水。

淡水和咸水的密度不同。密度是指单位体积内的质量。咸水比淡水密度大，质量重。称一称一杯淡水和一杯咸水的质量，会有一定的差异。

水中盐的含量也会影响水结冰的温度。淡水在0℃时会结冰，而咸水在 –2℃时才会结冰。

还有一种水是淡水和咸水的混合物，称为微咸水。微咸水存在于淡水与咸水交汇的地方，例如河流流入海洋的港湾处。你能想出其他可能出现微咸水的地方吗？

趣味知识点

你知道可以用咸水保存食物吗？

虽然咸水不能喝，但咸水可以贮存食物。用咸水和黄瓜或卷心菜等蔬菜可以做成泡菜或酸菜，这样蔬菜就可以贮存很长时间。

淡水与咸水

时间
30 分钟

类别
实验，室内

材料
干净玻璃杯（2个）
淡水（约500毫升）
食盐（5汤匙）
鸡蛋（2个）

你有没有试过在游泳池里漂浮？有没有发现在游泳池里比较难做到，而在海里漂浮却非常轻松？这是因为咸水比淡水密度大，使你更容易浮起来。这堂课外活动课中，我们将使用厨房中的简单家用物品证明咸水比淡水密度更大。

准备工作

1. 放好两个杯子，在每个杯子里加入足量的淡水。

2. 在其中一个玻璃杯中加入5汤匙盐，搅拌至完全溶解。

说明

1. 两杯水中各放入一个鸡蛋，你认为会发生什么？鸡蛋是浮在水面上，还是沉入杯底？

2. 观察鸡蛋在两杯水中的位置，结果和你推测的一样吗？

结论

本节课的实验证明了咸水的密度比淡水大，物体往往会漂浮在密度更大的水中。

提 示

➡ 你可以扩展这个实验，包括微咸水。在第三杯水中加入两汤匙半食盐，搅拌至溶解。放入一个鸡蛋，观察鸡蛋在杯子中漂浮的位置。如果没有漂浮，就再加入半汤匙盐，并搅拌至溶解。鸡蛋应悬停在玻璃杯中间。

自然课外活动日记

花一些时间总结你所学到的知识，并在日记本中回答课程和课外活动中的未解决问题。完成后，在日记中回答以下有关淡水和咸水之间区别的问题。

1. 将盐加入到一杯淡水中会发生什么？

2. 为什么咸水的密度比淡水大？

3. 为什么微咸水中的鸡蛋不会浮在水面上？

水生态系统

淡水和海水（咸水）水体都包含生态系统，其中的生物群落与水环境相互作用、相互制约，以创造支持生物生存的环境。在大多数水生态系统中，有植物、动物、细菌和真菌，以及空气和有机物等。生态系统中的每个有机体在群落中都发挥着作用，这有助于系统的可持续发展。

淡水生态系统包括池塘、湖泊、河流和溪流等。健康的淡水生态系统一般包含三个群落：生产者、消费者和分解者。接下来详细介绍淡水池塘中的这些群落。

生产者。生产者将来自太阳的能量和周边环境的营养物质转化为生态系统中其他群落可以食用的食物。生产者是消费者食物的基本来源。在淡水池塘中，植物（如浮萍等）是生产者。

消费者。消费者是一种以生态系统中较小的动植物为食（消费）的动物。鱼、青蛙等都是消费者。

分解者。分解者可以分解腐烂的植物和动物。它们将营养物质释放回环境中，作为生产者的能源。细菌和真菌是池塘生态系统中的分解者。

趣味知识点

你知道吗？地球上超过一半的物种都生活在海洋生态系统中。

超过一百万种生物生活在海洋生态系统中。

51

海洋生态系统存在多种类型，如沼泽、珊瑚礁、海床、潮汐带等。潮汐带生态系统位于海洋中的低潮带和高潮带之间。三个主要区域是浪溅区、潮间带（包括高潮带和中潮带）和低潮带。接下来介绍这种生态系统。

浪溅区。浪溅区是高潮带以外的区域。涨潮时海水偶尔会溅入该区域，但该区域仍然是干燥的。螃蟹、蜗牛、藤壶、牡蛎、绿藻、蓝藻和海鸥生活在浪溅区。

潮间带。潮间带指平均最高潮位和最低潮位间的海岸区域。这里水温温差极大，忽而烫热，忽而冰冷。人们利用潮间带特有的生态环境进行水产养殖活动，形成海岸常见的人文景观。

低潮带。低潮带总是淹没在海水中。该区域位于湍流波浪之下，为生活在该区域的海带、海葵、海星、海绵、海胆和海参等生物提供庇护所。

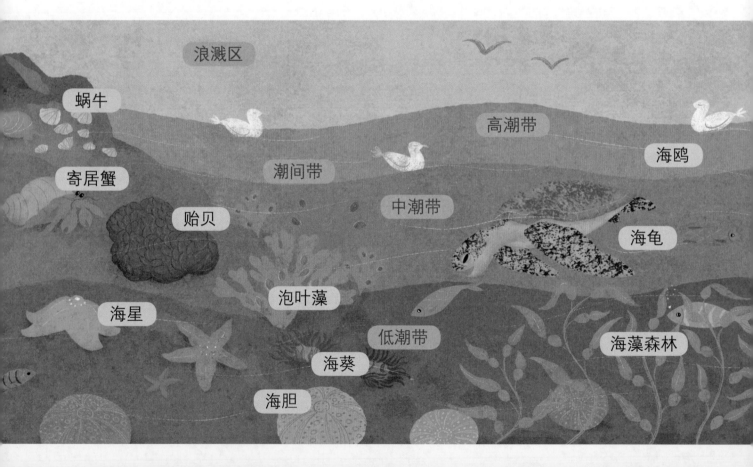

构建微型生态系统

时间
1 小时或以上

类别
实验，室内 / 室外

材料
玻璃容器，例如一个鱼缸
池塘水或自来水
记号笔
当地池塘的泥浆或水产商店的基泥
沙子
砾石
多叶的水下植物，从池塘采集
或从水产商店购买（3 ~ 4 株）
大石头（2 ~ 3 块，可选）
蜗牛，从池塘收集
或从水产商店购买（3 ~ 4 只）
纱布
适合鱼缸开口处的橡皮圈

提 示

➡ 只从同一个池塘或同一条小溪中收集实验材料。

创建一个小型水生态系统，经过你的维护，这个水生态系统可自循环多年。从池塘或小溪中收集实验材料，这样你就有了现成的细菌来源，节省了很多步骤。

准备工作

1. 收集材料，并在日记本中写下收集的过程。

2. 用肥皂水清洗容器并晾干。

3. 如果使用自来水，就需要在使用前静置 2 ~ 3 天，使氯气蒸发。

说明

1. 使用记号笔在容器高度四分之一处做标记，作为填充标线。

2. 首先向容器内添加泥浆或基泥，填充到标记以下的一半左右。

3. 再加入一层薄薄的沙子覆盖泥浆。沙子可保持微生态系统的清洁。

4. 再添加砾石到标记处。

5. 用手指小心地戳孔，孔要深至底层，并将植物种入孔中。

6. 将容器中的剩余空间分成三部分，从上到下标记两条线，第一条线是注水线。

7. 小心地将水倒入容器中。

8. 水位达到注水线后，放入蜗牛！轻轻地将它们放在沙土上。

9. 如果你喜欢，可以放入一些石块进行装饰。

10. 请在容器顶部用橡皮圈将纱布固定在微型生态系统的顶部，也可以在容器上盖上盖子。

11. 将你的微型生态系统置于阴凉的位置，避免阳光直射。

12. 监测你的微型生态系统。如果植物看起来不健康或水开始混浊，就把它移到靠近阳光的地方。如果开始出现藻类，则说明光照量过多，请将其远离光源。藻类的出现也可能意味着你要放入更多蜗牛。

结论

通过创建和维护生态系统，你观察到环境需要如何保持微妙的平衡，才能使其中的动植物茁壮成长呢？实验证明，一个健康的水生态系统需要生产者、消费者和分解者共同创建。

提 示

➡ 你可以将在池塘或小溪收集的材料与在水产商店购买的材料相结合，确保为动植物提供宜居的生态系统。

自然课外活动日记

在日记本中写下这堂课外活动课的体验。即使你的微型生态系统中的动植物没有茁壮成长，也可以吸取教训。请回答以下问题，深入思考水生态系统的循环模式。

1. 维护一个生态系统比你想象的更轻松还是更费劲？为什么呢？

2. 如果你要创造一个海洋生态系统，你认为维护起来比淡水系统更轻松还是更费劲？为什么呢？

大大小小的水生生物

让我们来认识生活在淡水和海洋生态系统中的生物。

生活在淡水生态系统中的物种包括多种鱼类、水边的昆虫和青蛙等。

淡水中的生物大部分时间（甚至全部时间）生活在水中。对于水中生物来说，它们能够在水下呼吸和行动。鱼的鳃不是肺，而是过滤水并收集氧气的器官，然后再将水送回生态系统。鱼还有各种鳍，鱼鳍是大部分鱼类用来游泳和维持身体平衡的重要器官。淡水鱼包括大口黑鲈、太阳鱼、黄鲈、湖鳟、鲶鱼等。

水边生活的昆虫经常掠过水面，有时也生活在水面以下。许多昆虫的形态为多足，并有翅膀。水虫包括水黾、蜻蜓、蚊子、潜水甲虫和蚊虫等。

青蛙在淡水生态系统中很常见。青蛙产卵，卵孵化为长有鳍状尾巴和鳃的小蝌蚪。蝌蚪经历变态发育后，渐渐长大，尾巴接近消失并发育出肺，可以在陆地上生活。青蛙可以通过皮肤呼吸，也可以长时间在水下生活。

海洋生态系统中有许多海洋生物，例如海豚、海马、鲨鱼、金枪鱼和箭鱼。海洋生物适合生活在咸水中，大多数咸水鱼不能生活在淡水中，反之亦然。

海岸线上生活着许多物种，例如螃蟹、贻贝、牡蛎、帽贝等，它们要么生活在海水里，要么生活在岛上、沙滩或海岸边。这些物种的身体已经适应了水里和沙上的生活。它们有可以移动的足部，以及可以保护它们免受捕食者侵害的硬壳。

趣味知识点

水母是浮游生物。它们没有大脑、心脏、眼睛或骨骼。运动时，它们会从体内射出水流，靠反推力前进，就好像一顶圆伞在水中迅速漂游。

养蝌蚪

时间
每天 30 分钟，持续 3 ~ 6 周，
观察从蝌蚪到青蛙的生命周期

类别
实验，室内

材料
玻璃容器，例如鱼缸
池塘水或自来水
记号笔
当地池塘的泥浆
或水产商店的基泥
沙子
砾石
多叶的水下植物，从池塘采集
或从水产商店购买（3 ~ 4 株）
纱布（可选）
可以露出水面的石头
池塘里的蝌蚪
放大镜
蝌蚪的食物

青蛙和蟾蜍的幼年以蝌蚪的形态在水中生活。蝌蚪长大后，可以到陆地上生活，也可以留在水中。在这堂课外活动课中，你将观察到蝌蚪变成青蛙或蟾蜍的过程。

准备工作

1. 以与构建微型生态系统活动（参见第 53 页）相同的方式构建蝌蚪栖息地，然后添加能露出水面的大石头。千万不能用盖子盖住容器，如果你想保护蝌蚪的安全，可以用纱布盖住容器顶部。

2. 在池塘或水洼附近收集蝌蚪，并将它们放入容器中。

说明

1. 将容器放在阴凉的地方。

2. 安置好蝌蚪以后，花时间对它们进行观察。可以使用放大镜近距离观察，在日记本中画出蝌蚪的样子。

3. 在日记本中添加草图，描述你想象蝌蚪长大后的样子。

4. 每天记录蝌蚪的变化，并画新草图。推测接下来蝌蚪的身体会怎样发育，然后将推测与下一阶段蝌蚪实际的生长发育情况进行比较。你会发现推测下一阶段的过程很有趣。这个过程是几天？还是几个星期？

5. 购买蝌蚪专用饲料或用煮熟的菠菜喂蝌蚪。

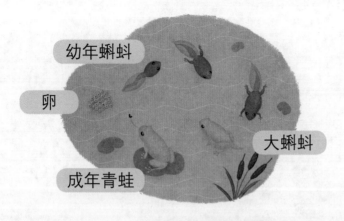

幼年蝌蚪

卵

大蝌蚪

成年青蛙

6. 每周更换容器中三分之二的水，用池塘水或已放置2～3天的自来水替换。

7. 青蛙或蟾蜍发育成熟后，将它们放回大自然（如池塘或沟渠）中。

自然课外活动日记

你已经了解了生活在淡水和咸水生态系统中的许多生物。你观察到青蛙或蟾蜍从蝌蚪成长为成熟的两栖动物，在日记本中写下你对这段经历的想法，同时思考以下问题。

1. 养蝌蚪最大的惊喜是什么？

2. 你最喜欢的淡水生物是什么？为什么？

3. 你最喜欢的海洋生物是什么？为什么？

结论

青蛙和蟾蜍是淡水生态系统的重要组成部分。通过喂养蝌蚪，可以观察到它们的生命周期，并看看它们从类似鱼的有鳃生物成长为有肺的成熟青蛙或蟾蜍。

提 示

➡ 确保蝌蚪、水和泥浆都来自同一个池塘。

➡ 如果水很快变混浊，则减少喂食量。

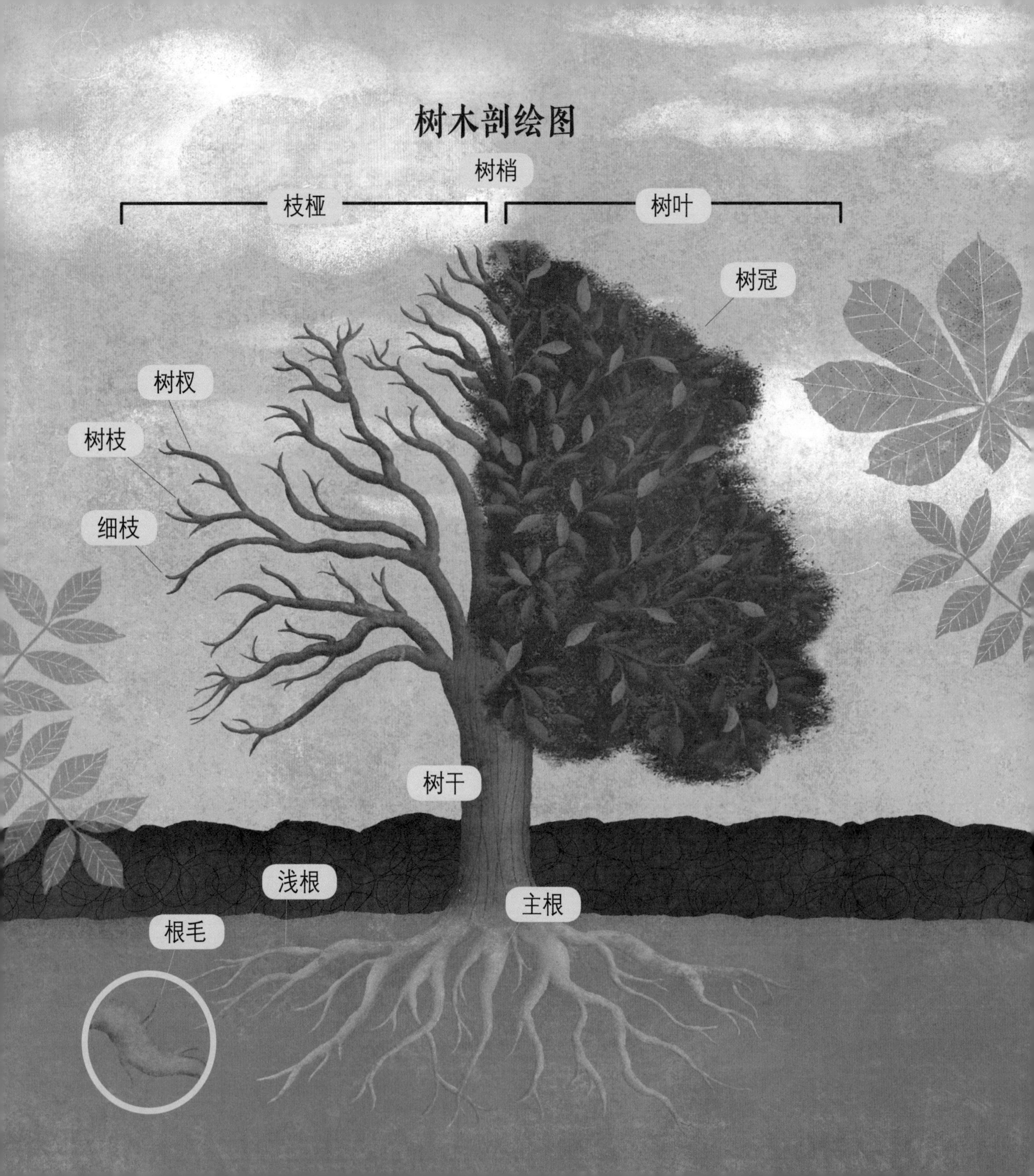

树木剖绘图

枝桠

树梢

树叶

树冠

树杈

树枝

细枝

树干

浅根

主根

根毛

4

植物

　　到室外观察附近生长的植物，你发现了什么？抬头能看到树梢吗？周围是不是还生长着各种各样的灌木丛？地面上长了什么？乍一看，你可能会看到一片片绿色，但是，如果仔细观察，你会注意到叶子上的图案、颜色变化和不同的纹理。乔木、灌木、花卉、苔藓，甚至蘑菇点缀着你周围的环境。

　　本章重点介绍各种植物。你将了解地球上生长的植物，并通过本节课程和课外活动挖掘自己的潜能，学习成为一名小小植物学家。

白蜡树叶

七叶树叶

白橡树叶

树木和树叶

坐在树荫下，靠在树干上，感受树皮贴背的舒适，还有比这更惬意的事情吗？抬头仰望，你看到巨大的树冠和挂着绿叶的树枝。树木是植物世界里的温柔巨人，为人类提供庇护所、木材、食物、药物、纺织品，还能防治土地侵蚀。

树木长得这么高、树冠长得这么宽，为什么树木不会倒下？接下来详细介绍树的组成部分。

树根。地下存在着庞大的根系。树木的巨大主根深深地扎进土里，通常，树根的深度与树干在地表的高度差不多。为了支撑树木，较浅的侧根向外生长到树的宽度。细小的根毛从根尖冒出，从土壤中吸收水分和养分。

树干。从树的根部长出一根笔直的树干，支撑着整棵树。树干覆盖着保护性树皮。树液是溶解了矿物质和养分的水，从根部、树干和树枝流过，将养分输送到树根和树叶。

树冠。地面上的第一主枝为主干，主干以上的部分是树冠。

树杈、树枝和细枝。树杈从树干中伸出，分叉成树枝，然后又分叉成细枝。

树叶。树叶长在树枝和细枝上。树叶内富含叶绿体，叶绿体是植物进行光合作用的主要场所。

有两大类树木：阔叶树（落叶树）和针叶树（常绿树）。

阔叶树在生长季节结束时（通常在秋季）落叶，然后在下一个生长季节开始时（通常在春季）重新发芽。树叶能收集阳光、水和空气，进行光合作用。

气温开始下降时，树木会主动落叶来为御寒做准备，树枝能够抵御寒冷的天气和干燥的空气。冬天通常比较干燥，树木无法获得足够的水补充从叶子散失的水分，所以它们会落下叶子，避免自身水分流失。夏天高温干旱期间，它们也会落叶。阔叶树包括枫树、橡树、三叶杨、胡桃木、苹果、山楂、桦树、白蜡树、栗树、银杏树、榆树和白杨树等。

与阔叶树不同，针叶树全年都有叶子。针叶树的叶子是针状或鳞片状的，旨在防止水分流失，因此针叶树不必在冬天落下所有叶子。针叶树会落下一些叶子，并且经常在春天落叶。

北美大约有 200 种针叶树，全世界有 500 多种。常见的针叶树包括杜松、雪松、侧柏、松树、云杉、冷杉、柏树、铁杉、阔叶松和红杉等。

杨树叶

东方松针叶

花旗松针叶

你可以通过观察树叶的形状和排列方式，快速确定一棵树是阔叶树还是针叶树。针叶树有各种各样的针叶，例如白皮松的叶子是三针一束，油松的叶子是两针一束。这有助于你辨认树木的种类。

阔叶树的叶子有多种形状。通过观察一棵树的叶子形状以及它的果实和树皮，可以确定不同树木的种类。当然，有些种类分辨起来有点儿困难。

树龄（树的年龄）是通过数从树干中心向外辐射的年轮确定的。不过，要看年轮就要砍倒一棵树。树干中的每圈年轮代表树木成长了一年，圈数越多，年龄越大。同一棵树上有些年轮比其他年份的年轮更宽或窄，这提供了树木经历过干旱、洪水和其他天气事件的证据。

银杏叶

榆叶

枫叶

趣味知识点

你知道吗？
杜松的浆果实际上是小球果

球果是圆球形的，成熟前呈紫褐色，成熟后变为黑褐色或黑蓝色。其上有四条不明显的棱角，使球果看起来很像浆果。

阔叶树和针叶树

时间
约 30 分钟

类别
观察，户外

材料
居住地附近的树林
蜡笔
卷尺或标尺

➡ 如果你家附近没有大量树木，可以去当地的公园寻找。

你家后院或附近种植了什么种类的树木？是不是阔叶树（落叶树）和针叶树（常绿树）都有？为什么种植多种树木？每棵树为你所在区域的野生动物提供了什么样的栖息地？你在后院或附近散步时，可以观察一下这些不同的树。这堂课外活动课将让你了解两种树木之间的区别并带领你观察它们的生长模式。

准备工作

1. 确定观察树木的区域。

2. 到附近走走，根据叶子推测树木是针叶树还是阔叶树。

3. 推测这个区域的树木总数。

说明

1. 数一数，区域内有多少棵阔叶树和针叶树，并在日记本中分别记录。

2. 选择 3 棵或 4 棵叶子形状不同的阔叶树，用蜡笔在日记本中勾勒出叶子的形状。

3. 对针叶树上的叶子实行同样的操作。

4. 将树苗与同一种类的成年树木进行比较。对于树苗，你可以用一只手或两只手圈住树干，对于长大了的树，你能用两只手圈住树干吗？

5. 用卷尺测量树苗和成年树木主干的周长。

结论

树木有各种形状和大小。树木为鸟类、松鼠、浣熊、昆虫和许多其他动物提供了栖息地。通常，在夏季里，栖息在一些树木（如阔叶树）上的动物更多。

自然课外活动日记

你了解了树木的两种分类，如何确定树木的年龄以及树木为什么对环境如此重要。在日记本中回答这些问题，总结课外活动。

1. 你观察过把树作为栖息地的动物吗？

2. 你认为树上生活着哪些动物？

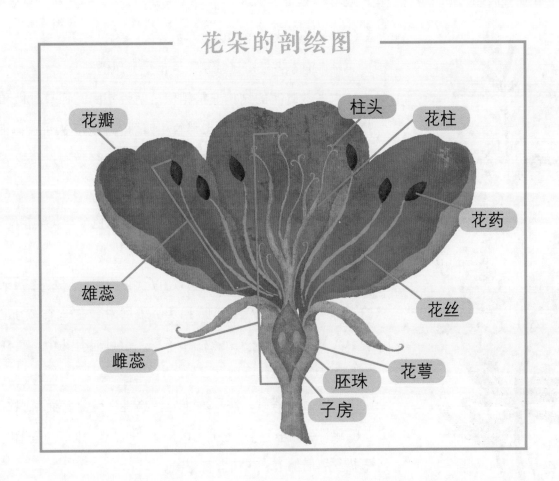

花朵的剖绘图

花瓣
柱头
花柱
花药
雄蕊
花丝
雌蕊
胚珠
花萼
子房

野花

在一片野花丛中，各种形状和颜色的花朵创造了美妙的景色。野花通常是本地花卉，也就是说，它们一直生长在这片土地上，是"原住民"，不是从其他地方、国家或大陆引入的。

世界各地的野花种类各异。生长在平原上的野花，如紫锥菊、菊苣、新英格兰紫菀、黄花菊、牛眼菊和蝴蝶草，在高海拔的高山草甸中比较罕见。在高山草甸，你可能会看到羽扇

猴子花

羽扇豆

紫锥菊

豆、猴子花、火焰草和山金车酊等。

林地有紫罗兰、延龄草、天南星和风信子等。

大多数野花的结构非常相似。两性花同时拥有雄性和雌性生殖器官，单性花只有雄性或雌性生殖器官。接下来进行详细介绍。

花瓣。不是所有的花都有花瓣，但大多数有。花瓣通常颜色鲜艳，可吸引传粉昆虫。

花萼。萼片位于花瓣正下方，可能是绿色或与花瓣相同的颜色。萼片通常可以保护花蕾并在开花时支撑花朵。

雌性生殖器官，统称为雌蕊，位于花的中心。胚珠位于子房（花的基部）。子房成熟后变成果实，子房附着在一个称为花柱的长管上。野花可能有一个花柱和子房，也可能有几个。花柱的尖端称为柱头。

雄性生殖器官，统称为雄蕊，雄性生殖器官通常围绕着两性花的雌性生殖器官。雄蕊分为两部分，即花丝（雄蕊的茎）和花药（位于花丝的顶部）。花药含有花粉。

那么，为什么花卉有不同的形状、大小和颜色呢？植物学家已经找到了造成这些差异的原因。

有些花可以靠风传粉，但一般不会开出艳丽的花朵，因为它们不需要吸引传粉者。

还有些花卉依靠昆虫和鸟类进行授粉。昆虫吸食花蜜时，一些花粉会粘在它们的躯干上。当它们再次爬到或飞到另一朵花上时，花粉会脱落，从而有效地为花朵授粉。

有些植物的外形是管状的，可以吸引蜂鸟；有些花卉体形非常小，只有小小的昆虫才能为它们授粉，如蜜蜂、黄蜂、蚂蚁、蝴蝶和飞蛾。你能想到其他的传粉昆虫吗？

趣味知识点

你知道有些花只能被嗡嗡叫的蜜蜂授粉吗？

如果你听过蜜蜂在花朵上嗡嗡叫，那么你就可能目睹了蜂鸣传粉的全过程。有些花的花粉只有在蜜蜂嗡嗡声的振动下才能释放出来。

马利筋

紫罗兰

菊苣

67

花卉水彩

时间
10 分钟
1 小时浸泡时间

类别
工艺，观察，室内

材料
各种色彩缤纷的花朵
100 毫升的容器
热水
柠檬汁
小苏打
冰棒棍
水彩纸
画笔
剪刀

春天的野花生机盎然、色彩缤纷、引得人们驻足观赏。此外，花朵也是很好的植物染料！在这堂课外活动课中，你将收集花朵制作水彩颜料，然后用它们画画。

> **安全警示：** 倒热水时要小心，不要烫伤。

准备工作

1. 从花朵上摘下花瓣。

2. 将每种花瓣分装在 3 个容器中，每个容器中至少加入一把花瓣。

3. 准备一壶热水。

说明

1. 水烧开后，小心地将热水倒在 3 个容器中的花瓣上，至刚好没过花瓣。浸泡约 1 小时。

2. 浸泡花瓣的同时，观察水的颜色变化，在日记本中记录颜色。

3. 第一个容器保持原状，在第二个容器中加入几滴柠檬汁，在第三个容器中撒上一点儿小苏打。用冰棒棍把每个容器里的物料搅拌均匀。发生了什么？在日记本中写下你的观察结果。

4. 现在，你可以开始用颜料绘画了。首先，你需要为每种颜料做一个测试条。剪下一小块水彩纸，用画笔蘸上一种颜料，在纸上画一条细线。然后清洗画笔，换另一种颜色画线。画完所有颜色后，记录你使用的花以及添加了柠檬汁和小苏打的容器。将测试条放入你的日记本中，以备将来参考。

6.你可以画画了！绘画时，使用测试条作为选择颜色的指南。换色的时候用水清洗画笔，以防止颜色混杂。

自然课外活动日记

记录完你的水彩制作体验后，总结本堂课和课外活动。

1.浸泡花瓣的时候，有没有一些颜色让你感到惊喜？如果有，为什么？

2.为什么有些花会吸引某些特定的昆虫，而另一些花似乎会吸引几乎所有的昆虫？

结论

野花的颜色五彩缤纷，吸引各种传粉昆虫。不同种类的花朵颜色也不同。

提 示

➡ 你可以尝试从野外采摘花朵。

➡ 若从花店购买鲜花进行课外活动，应确定花朵没有经过染色。有时，花店会为花朵染色，使花朵更加鲜艳。

蕨类植物剖绘图

叶片

叶轴
底叶之间的茎秆

蕨叶

底叶
嫩叶

羽片
小嫩叶

叶柄
叶片下方的柄

卷叶
卷蕨叶

根茎

独特的植物

这堂课我们先来看看两种独特但仍属于植物界的植物——蕨类和苔藓。

蕨类植物虽然有茎、根、叶和维管系统，但与许多植物不同，是通过孢子繁殖。孢子类似于种子。蕨类植物喜欢阴湿温暖的环境。它们的植株大小各不相同，有的只有几厘米高，有的则高达 10 米以上。

苔藓的高度从 1 厘米至 50 厘米不等。它们从藻类进化而来，没有根、茎、花和维管组织。它们只能在空气质量良好的地方生长，通过光合作用获得能量并通过孢子繁殖。苔藓在干旱期间会休眠，这时只需要少量水分。它们经常出现在地面、树上或岩石上的阴凉处。

接下来说一说蘑菇和地衣。尽管有人称它们为植物，但蘑菇和地衣实际上属于真菌。

蘑菇来自真菌界。真菌细胞壁由甲壳素组成，而不是像植物一样由纤维素组成，并且蘑菇没有叶绿素，因此不能像植物一样进行光合作用。

角苔纲　　　藓纲　　　苔纲　　　褐菇　　　褐菇菌褶

　　地衣。地衣是真菌界的真菌和原生生物界的藻类（有时是细菌界的蓝藻）的共生体或复合体。地衣分为三种类型：壳状地衣、叶状地衣和枝状地衣。直到今天，科学家们还不了解地衣是如何繁殖的！地衣可用于生产抗生素和抗菌剂、衣服的染料，还是鸟类的筑巢材料和动物的食物。地衣还能分解岩石表面的矿物质，为树木和花草的生长提供条件；为土壤增加养分，并将空气中的化学物质回收到土壤中来清洁空气。地衣通常生长在树木、岩石上或地面上。

趣味知识点

你知道吗？科学家们已经发现了超过 12 万种真菌！

科学家估计，全世界总共可能有近百万种真菌！

蘑菇孢子印

香菇

时间
1～2小时，以及孢子印的发育时间

类别
实验，室内／室外

材料
蘑菇（任意数量）
蜡纸片
白纸
黑色纸或深蓝色纸
油纸（2张）
发胶（可选）
纸巾（可选）

自然界中有许多类似蘑菇的植物。辨别蘑菇的唯一方法是观察其孢子印。在这堂课外活动课中，你将收集一些生长在你居住地附近的蘑菇并制作蘑菇孢子印，看看你是否能认出这些蘑菇。你还可以登录蘑菇鉴赏网（https://www.mushroom-appreciation.com），这是一个教人们如何辨别蘑菇的网站。

安全警示：切勿将野生蘑菇放入口中或在接触野生蘑菇后将手放入口中，因为很多蘑菇是有毒的。如果你不想碰触野生蘑菇，那么可以从商店购买新鲜蘑菇。

准备工作

1. 从院子、当地树林或公园里采摘各种蘑菇，每种采摘两个。寻找新鲜蘑菇，最好能在菇伞下看到菌褶，这表明它们已准备好释放孢子了。

2. 将蘑菇放在蜡纸上，并按颜色排列。

3. 在一张油纸上放一张白纸，在另一张油纸上放一张深蓝色或黑色的纸。

说明

1. 观察你收集的所有蘑菇。根据蘑菇的颜色，你能猜出这些蘑菇会有什么颜色的孢子印吗？孢子的颜色可以是白色、奶油色、灰色、棕色或黑色。推测一下每种蘑菇的孢子是什么颜色的。

2. 在日记本中快速画出每种蘑菇的草图，并在每个草图旁边写下你猜测的孢子颜色。

3. 你已经进行了假设，现在可以对假设进行检验了。取下蘑菇的柄，将每种蘑菇中的一个放在白纸上，将每种蘑菇中的另一个放在深色纸上。

4. 把手洗干净。

5. 将蘑菇静置几个小时。

6. 观察蘑菇。白纸上是否有颜色，或深色纸上菇伞边缘下方的区域是否变浅。

7. 几个小时后，小心地取走蘑菇，并将结果与你的假设进行比较，记录差别。

8. 登录蘑菇鉴赏网，尝试通过蘑菇的生物特征和孢子印识别蘑菇。在日记本中写下你的观察结果。

提示

➡ 尝试亲手种植蘑菇。许多蘑菇种植套装可在线购买。

➡ 给你的蘑菇草图着色，使它们看起来更逼真。

香菇的孢子

9. 如果你想保存孢子印并将它们添加到日记本中，你可以将胶水喷洒在孢子印的表面，将它们固定在纸上。为了更好地保护孢子印，可以在其上覆盖一张纸巾。

鸡油菌

鸡油菌的孢子

结论

蘑菇、蕨类植物和苔藓主要靠孢子繁殖。你可以通过制作蘑菇的孢子印辨别蘑菇。

自然课外活动日记

在日记本中回答下面的问题时，总结本堂课外活动课。

1. 在这堂课外活动课中，你把不同的蘑菇放在浅色和深色的纸上，以确定孢子的颜色。为什么你认为孢子是有不同颜色的呢？

2. 你认为孢子繁殖比花粉繁殖的效率更高还是更低（还是相同）？为什么呢？

扫码获取

✓ 奇趣科学馆
✓ 爆炸实验室
✓ 知识测评栏
✓ 教育方法论

5

动物

　　有些动物会爬，有些动物会跳，有些动物会飞。无论是在城市还是在野外，都有各种各样的动物，包括各种叽叽喳喳的鸟儿、嘤嘤嗡嗡的昆虫、爬行类和哺乳类动物。

　　本章将介绍生活在陆地上的各种动物，如果你对它们感到好奇，那就赶紧阅读吧！你将在本章中了解各种动物，并找到相关问题的答案。

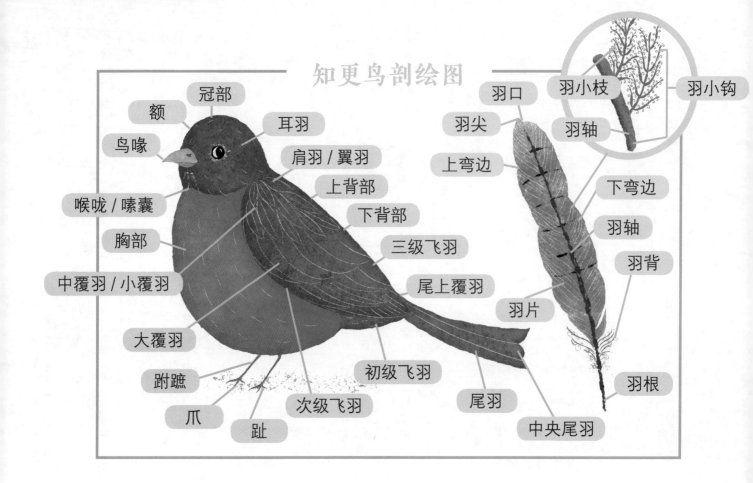

知更鸟剖绘图

冠部
额
耳羽
鸟喙
肩羽 / 翼羽
上背部
喉咙 / 嗉囊
下背部
胸部
三级飞羽
中覆羽 / 小覆羽
尾上覆羽
大覆羽
跗蹠
初级飞羽
爪
次级飞羽
趾

羽口
羽小枝
羽小钩
羽尖
羽轴
上弯边
下弯边
羽轴
羽背
羽片
尾羽
羽根
中央尾羽

鸟类

　　你有没有被窗外鸟儿的叫声吵醒过？你有没有整个下午都在鸟笼边看鸟？有些鸟很大，如鸵鸟和鸸鹋；有些鸟则很小，如蜂鸟。但是所有鸟类都有相似的特征。接下来详细介绍鸟类身体的关键部分。

　　羽毛。鸟类没有毛皮，而是被羽毛覆盖着，羽毛有助于鸟儿飞行并在空中悬停。鸟类的羽毛还能防水，使其在雨水中保持干燥。成年鸟类的羽毛按特征分为三类：正羽、绒羽和纤羽。羽毛有各种颜色，能帮助你辨别雄鸟、雌鸟和幼鸟。

翅膀。鸟类有翅膀，大多数鸟依靠翅膀飞行。起飞时，鸟儿用双腿将自己推向空中，不断上下扇动两翅，产生的气流使鸟快速向前或向上飞行。蜂鸟与其他鸟类不同，前后扇动它们的翅膀，因此可以在飞行时保持悬停。企鹅是少数不会飞的鸟类之一，它们的翅膀更适合帮助它们在冰冷的海洋中游泳。鸵鸟和鸸鹋也是不能飞的鸟类。翅膀的形状可以帮助你识别鸟类。

中空的骨骼。鸟的骨骼薄而轻，其内部是中空且充满空气，所以鸟的体重很轻。这种特征使鸟类在飞行时具有优势。

喙。你可以通过鸟喙的形状确定鸟的食物是什么。啄树捕捉昆虫的鸟，喙细长；而吃种子的鸟，喙较短、较粗。鸟喙的形状也可以帮助你区分各种鸟。

鸟类可以分为游禽、涉禽、攀禽、陆禽、鸣禽五大类。

游禽善于飞翔、潜水和捕捉水中的鱼类，但拙于行走。游禽具体包括鸭、雁、潜鸟、鸬鹚、䴙䴘、鹈鹕等次级生态类，著名的洪湖野鸭和大雁就属于这一类群。

涉禽是指适应在水边生活的鸟类，休息时常一只脚站立，一般从水底、污泥中或地面上捕食。

捕虫喙
燕子

食粮喙
蓝山雀

食蜜喙
红喉蜂鸟

凿喙
北扑翅啄木鸟

食果喙
巨嘴鸟

攀禽脚短而健壮，善于攀树，主要活动于有树木的平原、山地、丘陵或者悬崖附近。一些攀禽如普通翠鸟活动于水域附近，攀禽的活动区域在很大程度上取决于其食性。

陆禽主要栖息在陆地上，其体格健壮，翅膀尖为圆形，不善于远距离飞行。喙短钝而坚硬，腿部强壮有力，爪为钩状，善于在陆地上奔跑及挖土觅食。松鸡、马鸡、孔雀等都属于这一类。

鸣禽善于鸣叫，由鸣管控制发音。它们的鸣管结构复杂且发达，大多数鸣禽的鸣管两侧附有复杂的鸣肌，鸣禽约占世界鸟类的60%。不同鸣禽的外形差异较大。

红尾鹰

大蓝鹭

趣味知识点

你知道鸡与霸王龙
存在亲缘关系吗？

2003年，科学家对发现的霸王龙遗骸
进行了DNA鉴定，确定鸡和鸵鸟是
与现已灭绝的恐龙亲缘关系最
密切的动物。

观鸟

时间
短期，几天或几周

类别
观察，户外

材料
鸟类图志
双筒望远镜
手机或其他录音设备

你的居住地附近有什么鸟？在这堂课外活动课中，你将观察生活在附近的鸟类，并在日记本中记录。这堂课外活动课的目标是辨别附近的 5 种鸟。

准备工作

1. 在日记本中建立一个 5 栏的表格。给这些栏标上"发现日期""鸟名""描述""地点"和"数量"的标签。

2. 翻阅鸟类图志，看看书中是否有你熟悉的鸟类。

3. 在户外找一个安静的地方，方便观察鸟类。在炎热或严寒的日子里，你可能觉得通过窗户观察鸟类更轻松，但请尽量到户外观察，这样你还可以听到啾啾鸟鸣。

说明

1. 观察你居住地附近的鸟类，你能否辨别它们？列出你可能看到的鸟类的初步清单。

2. 开始观察鸟类后，请在表格内记录。你能辨别出鸟类是雄性还是雌性吗？一个有效的经验是雄鸟比雌鸟的颜色更鲜艳，雌鸟通常颜色单调。

3. 你看到的每种鸟有多少只？

4. 使用手机录下鸟儿的鸣叫声，这样你就可以对不同鸟类的鸣叫声进行比较。

5. 在几天甚至几周的时间里，观察你所在区域的鸟类，并将它们添加到你的清单中。尝试发现至少 5 种不同类型的鸟类。你还能找到更多其他类别的鸟类吗？

食鱼喙

翠鸟

结论

你观察了多种不同的鸟类。例如，在城市，你可能会观察到很多鸽子和麻雀；而在郊区，你可能会看到各种鸣禽；如果你靠近水域，你可能会看到鸭子、鹅甚至天鹅。正如你在课程中学到的那样，地球上生活着许多不同的鸟类。

自然课外活动日记

在了解了不同的鸟类之后，你观察并记录了附近的鸟类。想想你观察到的鸟类，翻阅你的笔记，然后在日记本中回答这些问题。

1. 为什么雄鸟通常比雌鸟色彩鲜艳？

2. 你最常看到鸟类是成双成对的还是成群结队的？或两者都有？

3. 根据你对鸟类种类的观察，你居住地附近的鸟群会变化吗？

昆虫

昆虫种类繁多、形态各异，属于无脊椎动物中的节肢动物，是地球上数量最多的动物群体，在所有生物种类（包括细菌、真菌、病毒）中占比超过 50%，它们的踪迹几乎遍布全球的每一个角落。

昆虫的身体分为头、胸、腹三部分，胸部有足三对、一对或两对翅膀，也有没翅膀的。这里不包括蜘蛛，它们是蛛形纲动物。

接下来详细介绍昆虫的三个身体部位。

头。昆虫的头部不分节，一般长有单眼和复眼、大脑、触角和口器，具体因昆虫而异。

胸。胸是昆虫的运动中心，长有翅膀和三对足，连接头部和腹部。

腹。昆虫的腹部内有大部分内脏与器官，是生殖和营养代谢中心，通常尾部还有一根螫针。

你家附近有哪些昆虫？蜜蜂、蝴蝶、蚱蜢、蝉、蟋蟀、苍蝇、瓢虫、蚂蚁、螳螂、蚊子和蜻蜓等都是昆虫。尽管这些昆虫各不相同，但它们的身体特征相似。

昆虫有多种作用。正如第 4 章中介绍的，有些昆虫能为植物授粉；有些昆虫会捕食害虫，保护庄稼；还有一些昆虫吃腐烂的植物和动物，帮助清洁环境。

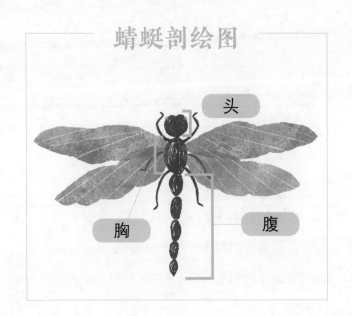

蜻蜓剖绘图

头

胸

腹

臭鼬剖绘图

大部分的臭鼬皮毛为黑色，从后脑勺到尾巴尖有白色条纹

黑白相间、毛茸茸的尾巴

耳朵

眼睛

鼻子

胡须

每只爪子有五根脚趾

后爪印

前爪印

社区内和周围的动物

　　并非所有动物都生活在野外。许多动物，例如松鼠、浣熊和兔子，已经学会了在人类居住的地方（城市和社区）生活，或许你偶然见过一些！

　　社区附近的动物是野生的，与人们当作宠物饲养的动物不同，但许多野生动物每天跟人接触，不怕人类，能够与人类共处。野外的动物经常利用人类创造的空间作为它们的家，例如，土拨鼠通常住在菜园附近，以便获取美味的蔬菜。臭鼬喜欢在门廊下安家，蝙蝠经常在烟囱里安家。随着自然栖息地不断减少，人类建造的房屋和工厂增多，越来越多的动物开始努力学习与人类共处。

臭鼬、老鼠、负鼠、浣熊、狐狸、郊狼和蝙蝠等都是夜间活动的，也就是说，它们白天睡觉，晚上活动。如果你在白天看到这些动物，那么很可能是它们太饿了，在寻找食物。这些动物大多以较小的动物或蛋类为食，而有些动物如蝙蝠以昆虫为食，或纯粹以植物为食。

远离市区去郊游时，你可能会遇到更大型的动物，如鹿、野牛、羊等。遇到哪种动物主要取决于你居住在哪里，这些动物都能在一定程度上与人类共处。在野外，一些食草动物（以植物为食的动物）会成为一些食肉动物（以肉为食的动物）的食物，在一个区域内达到生态平衡。如果没有这种平衡，该地区食草动物的数量就会过多，它们会吃掉所有植被，进而破坏这一地区的生态。而食肉动物没有充足的食物，就会生病甚至饿死。

一般来说，人类干预或试图控制动物种群数量时，野生动物要么变得具有破坏性，要么濒临灭绝。

棕熊

狐狸

趣味知识点

你知道负鼠是北美唯一的有袋动物吗？

雌性有袋动物的育儿袋可以携带幼崽。

85

野生动物观察

时间
短期，几周

类别
观察，户外

材料
双筒望远镜（可选）

➡ 如果你住在大城市，若知道你居住地附近的野生动物数量，可能会非常惊讶。去当地公园或树林逛逛，你可能会有意外发现。

鹿

生活在城市和郊区的野生动物数量可能会让你大吃一惊！在接下来的几天或几周内，记录你观察到的所有动物。寻找在道路上闲逛的土拨鼠，或者晚上在垃圾桶里翻拣食物的猫、狗。黄昏时，你可以看到许多夜间活动的动物。

准备工作

1. 在日记本中创建一个包含5栏的表格。给这些栏标上"发现日期""动物名称""描述""地点"和"备注"的标签。

2. 观察你所在的社区附近寻找野生动物频繁活动的区域。

说明

1. 记录你看到的动物。思考以下问题：这些动物是单独活动还是成群结队的？它们在寻找食物吗？如果是，它们吃什么？你每天看到的是同一种动物还是不同种动物？

2. 在接下来的几天或几周内，看一看你能否观察到附近5～10种不同的野生动物。

3. 填好表格后，想一想你看到的各种动物。你会对所看到动物的种类单一或种类丰富感到惊讶吗？一种动物比另一种更常见吗？如果是这样，你认为为什么会出现这种情况？

兔子

提 示

➡ 如果黄昏时你没有看到任何动物，就尝试在其他时间段进行观察。黎明是另一个观察野生动物的好时段。

自然课外活动日记

想一想生活在你附近的动物并回答这些问题。

1. 根据你对野生动物的了解，为什么城市环境中的动物白天仍然会感到饥饿？

2. 你见过白天出来的夜行动物吗？如果见过，它是什么动物？你认为它在寻找哪些食物？

扫码获取

✓ 奇趣科学馆
✓ 爆炸实验室
✓ 知识测评栏
✓ 教育方法论

作者简介

克丽斯廷·布朗是是美国一位资深童书作家，现已出版30多本儿童图书，内容涵盖自然科学、草药学、户外活动等方面，是美国电子儿童期刊《自然心》（2009年创刊）的签约作家和插画家。同时克丽斯廷还是当地中小学科学课的专职顾问，参与编写这些课程的教材，她乐于向小朋友们传授自然科学和植物学知识。克丽斯廷与丈夫、两个年幼的孩子住在美国新泽西州的一个农庄，同时还养了各种动物。

START

少年探险计划

挖掘万物奥秘

奇趣科学馆

看科学脱口秀
学趣味知识

爆炸实验室

做科学小实验
实践出真知

知识测评栏

权威百科评比
针对性提高

教育方法论

良好家庭氛围
与娃共成长

扫码加入